火力発電所の制御と保護

千葉 幸 著

「d-book」シリーズ

http://euclid.d-book.co.jp/

電気書院

目　次

1　火力発電所の保護方式

1・1　発電機とタービンの関係 …………………………………………………… 1

1・2　タービンとボイラの関係 …………………………………………………… 3

1・3　トリップインタロックの基本的な考え方 ………………………………… 3

1・4　トリップインタロック例 …………………………………………………… 4

2　ボイラの保護方式

2・1　給水・ボイラ水系統 ………………………………………………………… 7

2・2　燃料および空気・ガス系統 ………………………………………………… 7

2・3　蒸気系統 ……………………………………………………………………… 8

3　タービンの保護方式　　9

4　発電機・変圧器の保護方式

4・1　発電機の保護方式 …………………………………………………………… 11

4・2　主変圧器の保護方式 ………………………………………………………… 11

4・3　衝撃電圧に対する保護装置 ………………………………………………… 11

5　所内補機回路の保護方式　　13

6　中央制御方式

6・1　中央制御の目的 ……………………………………………………………… 18

6・2　中央制御の得失 ……………………………………………………………… 18

6・3　中央制御の条件 ……………………………………………………………… 18

6・4　中央制御方式採用について考慮すべき点 ………………………………… 19

6・5　中央制御室の変遷 …………………………………………………………… 20

7　火力発電所の制御・自動化

- 7・1　制御・自動化の進歩 ………………………………………………… 23
- 7・2　プラント制御 …………………………………………………………… 23
- 7・3　自動化システムの構成と機能 ………………………………………… 25
- 7・4　中央監視制御盤の構成と機能 ………………………………………… 27
- 7・5　計算機制御導入による利点 …………………………………………… 28
- 7・6　運転支援システム ……………………………………………………… 28

演習問題　29

1 火力発電所の保護方式

　火力発電所はボイラ，タービン，発電機その他の諸機器などの組合せによって構成されているものであるが，これらはそれぞれ運転上の保安装置を必要とする．しかし発電所全体としての保護は，各機器それぞれの間の協調がとれていなければならないことはもちろんである．

保護方式　　保護方式は原則として軽故障，軽事故の場合は警報によって注意を喚起し，重故障の場合はトリップさせるのがふつうである．新鋭火力発電所で最低限度必要と考えられる保護方式の例を示すと図1・1および表1・1のようになる．これを参照して，

緊急停止　　以下に発電所主要機器の緊急停止の相互関係について略述する．

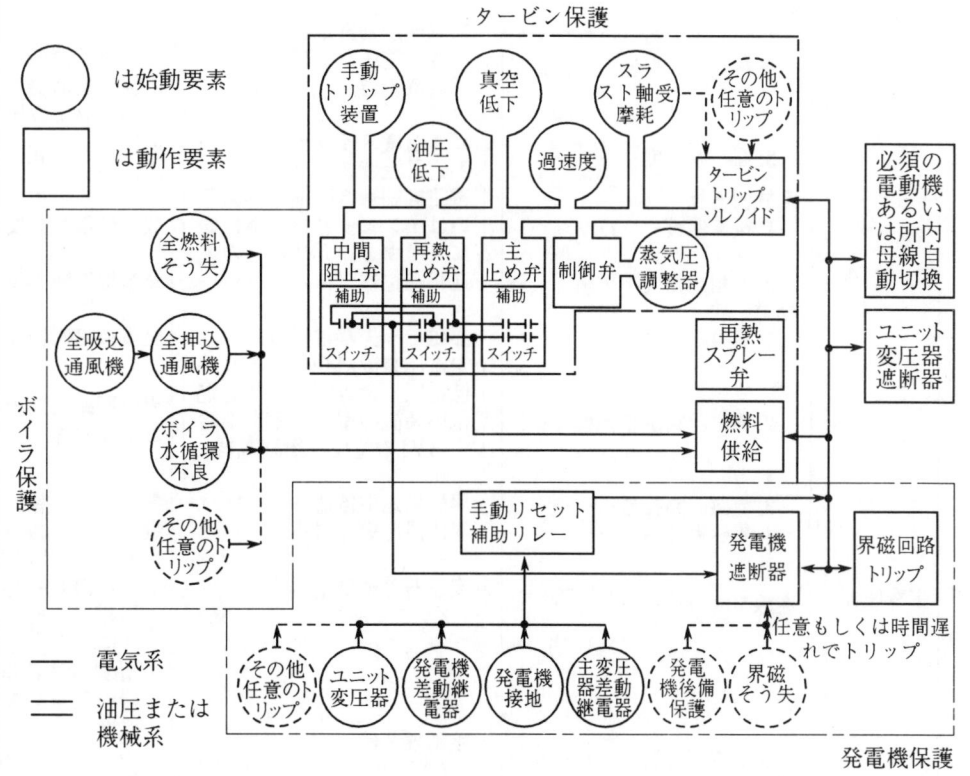

図1・1　ユニットシステム火力発電所で最小限度必要と考えられる保護方式例

1・1　発電機とタービンの関係

　発電機がトリップ（trip）するような場合はタービンが無負荷となって過速度となるため，タービンを同時にトリップさせる．反対にタービンがトリップした場合は

1 火力発電所の保護方式

表 1・1 新鋭火力発電所の保護機能一覧表

機器	異常状態	保護（検出）装置	トリップ対象
ボイラ	給水流量低下	・差圧スイッチ（強制循環） ・温度リレー（強制貫流） ・ドラムレベルスイッチ（自然および強制循環），タービン主止め弁とのインタロック	燃料供給停止 〃 警報 燃料供給停止
ボイラ	蒸気温度 高 燃焼状態 危険 　1 ファン停止 　2 燃料供給低下（そう失）	・主，再熱蒸気系統の温度リレー ・ドラフト（負圧）スイッチ あるいはインタロック ・燃料側圧力あるいは流量スイッチ	警報 燃料供給停止 〃
タービン	制御（潤滑）油圧低下 過速度 真空度低下 スラスト軸受摩耗	・油圧パイロット	主止め弁 再熱止め弁 （※） 発電機遮断器 （燃料供給）
タービン	主蒸気圧力低下	・油圧パイロット	なし：タービン負荷制限
タービン	モータリング	排気部温度スイッチ，ガバナバルブリミットスイッチ あるいは逆電力継電器	警報，および（あるいは）止め弁類等（※）
発電機	固定子 　1. 相短絡 　2. 接地	・発電機差動継電器 ・中性点電圧および電流継電器	（燃料供給停止） タービントリップソレノイド 発電機遮断器 界磁遮断器 ユニット変圧器遮断器
発電機	3. 高温度	ガス温度スイッチ 固定子温度スイッチ	警報
発電機	系統側事故 　1. 後備保護	電圧抑制過電流継電器あるいはインピーダンス継電器にタイマを組合せたもの	故障分離に必要な遮断器
発電機	2. 一相，相間不平衡	逆相継電器（※）	発電機遮断器※
発電機	励磁系統 　1. 界磁そう失	界磁そう失継電器（※）	発電機遮断器
発電機	2. 界磁回路調整装置	定電圧装置M-Gセットの低電圧，過電圧，継電器定電圧装置の電圧要素を供給するVTの電圧平衡継電器（※）	界磁回路自動調整装置除去および警報
発電機	3. 界磁回路接地	界磁接地継電器	警報
発電機	4. 界磁過熱	界磁温度継電器	警報
主変圧器	巻線事故	変圧器差動継電器 （ブッフホルツリレー）（※）	タービントリップソレノイド 発電機遮断器 界磁遮断器 ユニット変圧器遮断器
補機回路	高圧所内変圧器	差動継電器 （ブッフホルツリレー）（※）	（始動変圧器事故）始動変圧器の高圧側および低圧側遮断器 （ユニット変圧器事故）発電機主回路の全遮断器 （ユニット変圧器低圧側遮断器を含む）
補機回路	高圧所内母線事故	過電流継電器	同母線の電源供給遮断器（および母線自動切換阻止）
補機回路	高圧電動機 　1. 相短絡	過電流継電器 差動継電器（※）	供給遮断器
補機回路	2. 接地（中性点接地系統）	過電流継電器 差動継電器（※）	〃
補機回路	3. 回転子拘束	過電流継電器	〃
補機回路	4. 過負荷	過電流継電器 温度継電器（※）	供給遮断器（※） 警報
補機回路	低圧母線および電源変圧器	過電流継電器	供給遮断器

※‥‥設置は任意と考えられるもの　※※‥‥場合により時間遅れでもってトリップさせるもの

タービンの諸弁が閉じて発電機をトリップさせる．これは発電機が同期電動機になる，いわゆるモータリング（motoring）現象を防ぐためである．

> モータリング

1・2 タービンとボイラの関係

　タービンがトリップした場合はボイラ関係の管系統を危険温度に招いたり，安全弁から蒸気を放出したままとなるためボイラを消火させるのがふつうである．反対にボイラがトリップした場合はタービンをトリップさせず，ボイラの残圧でタービンの負荷運転を継続させる方法もあるが，このまま負荷運転を長く続けるのはあまり好ましくないのでタービンをトリップさせる方法を採用するところもある．

1・3 トリップインタロックの基本的な考え方

> トリップインタロック

　火力発電所のトリップインタロック（trip interlock）を考える場合の基本的な問題はつぎの3点である．
　・ボイラ残圧運転
　・発電機モータリング
　・ボイラ再熱器焼損保護
　これら3点を考慮してボイラ，タービン，発電機の相互関連動作について考えると，
　(1) ボイラ側事故（消火など）からタービン側へのインタロック

> ボイラ消火事故

　(1) ドラム形のボイラでは保有熱量が多いので，ボイラ消火事故が発生しても蒸気圧力，温度，ドラム水位，タービン伸び差，メタル温度などに注意すれば，若干の時間は低負荷による運転継続が可能である．したがって事故復旧の状況によっては，ボイラ再点火が早ければ，そのまま負荷増加が可能であるため，必ずしも瞬時にタービンをトリップさせる必要はない．しかし復旧に長時間を要する事故の場合は，タービンならびに発電機を停止することが必要である．

> 貫流ボイラ

　(2) 貫流ボイラ（超臨界圧および亜臨界圧）では，ボイラトリップによって消火したあとは，タービンの運転を継続するだけの保有熱量がないため，湿り蒸気の流入を防ぐためタービンも同様にトリップさせる．
　(2) タービン側事故から発電機側へのインタロック
　ユニットが負荷運転中に，なんらかの原因でタービンへの流入蒸気が遮断されると同期したまま電動機化し，いわゆるモータリング状態となるが，発電機自体は別に問題はないが，タービンは蒸気が遮断されたまま回転することになり，風損によって過熱される．
　したがってタービン流入蒸気の遮断を主要な蒸気弁の閉止によって検出し，発電機トリップの条件の一つとする場合がある．

また，この条件だけでなく，さらに別の条件を加えて発電機をトリップさせる例が多い．これらは大別すると

モータリング　(1) モータリングを許容しないもの（発電機に逆電力リレーを設置して発電機をトリップするもの）

(2) モータリングを許容するもの（タービントリップ後モータリングを始めるが，排気室温度などに異常を生じない限り発電機をトリップさせないもの）の二つがある．

(3) 発電機側事故からタービン側へのインタロック

発電機側事故　(1) 発電機側事故で発電機がトリップした場合は，短い時間で復帰する可能性は少ないので，ほとんどの場合タービンをトリップさせる．

(2) 系統事故波及などのため送出し電力が零になっても，所内負荷をもって単独運転ができる場合には必ずしも発電機をトリップさせる必要はない．したがって，この場合はタービンもトリップさせない．

(4) タービン側事故からボイラ側へのインタロック

タービン側事故　タービン側事故によって主要蒸気弁が閉止したり，系統事故波及によりタービン加減弁が無負荷位置以下に絞り込まれたりすると，再熱器内の蒸気流が止まったり，急減するので燃料量を再熱器保護範囲内に制限するか，ボイラを消火しなければならない．

この燃料量の制限はボイラの形式，容量などにより異なる．ボイラ側へのインタロックにはタービン側事故によって主要蒸気弁閉を条件として，ボイラを消火させるものと，上述の再熱器保護範囲内の燃料量であれば，ボイラ消火はしないものとある．

最近は，後者の考え方をさらに進めて，タービン側事故の場合は主要蒸気弁閉などを条件とし，燃料量を再熱器保護範囲内まで急速に減少させる方式をとっている例もある．表1・2は，事業用火力のトリップインタロック方式の分類を実績にもとづいて示したものである．

1・4　トリップインタロック例

発電所運転中にボイラ，タービン，発電機などで異常状態が発生して，これが原因で発電継続が困難となったとき，各機器を保護するために保護装置が設置されていて，これをユニットトリップインタロックと称している．基本的には次のようなものからなっている．

ユニットトリップインタロック

(1) ボイラ保護インタロック（MFT；Mater Fuel Trip）

(2) タービン保護インタロック（MTS；Main Trip Solenoide/EMS；Emergency Trip Solenoide）

(3) 発電機保護インタロック

これらのインタロック方式は，メーカの設計によって若干の差異があるが，原則的な考え方は同じである．何れも貫流ボイラ，タービン，発電機のインタロックが

1·4 トリップインタロック例

表1·2 トリップインタロック方式分類表（事業用火力発電所）

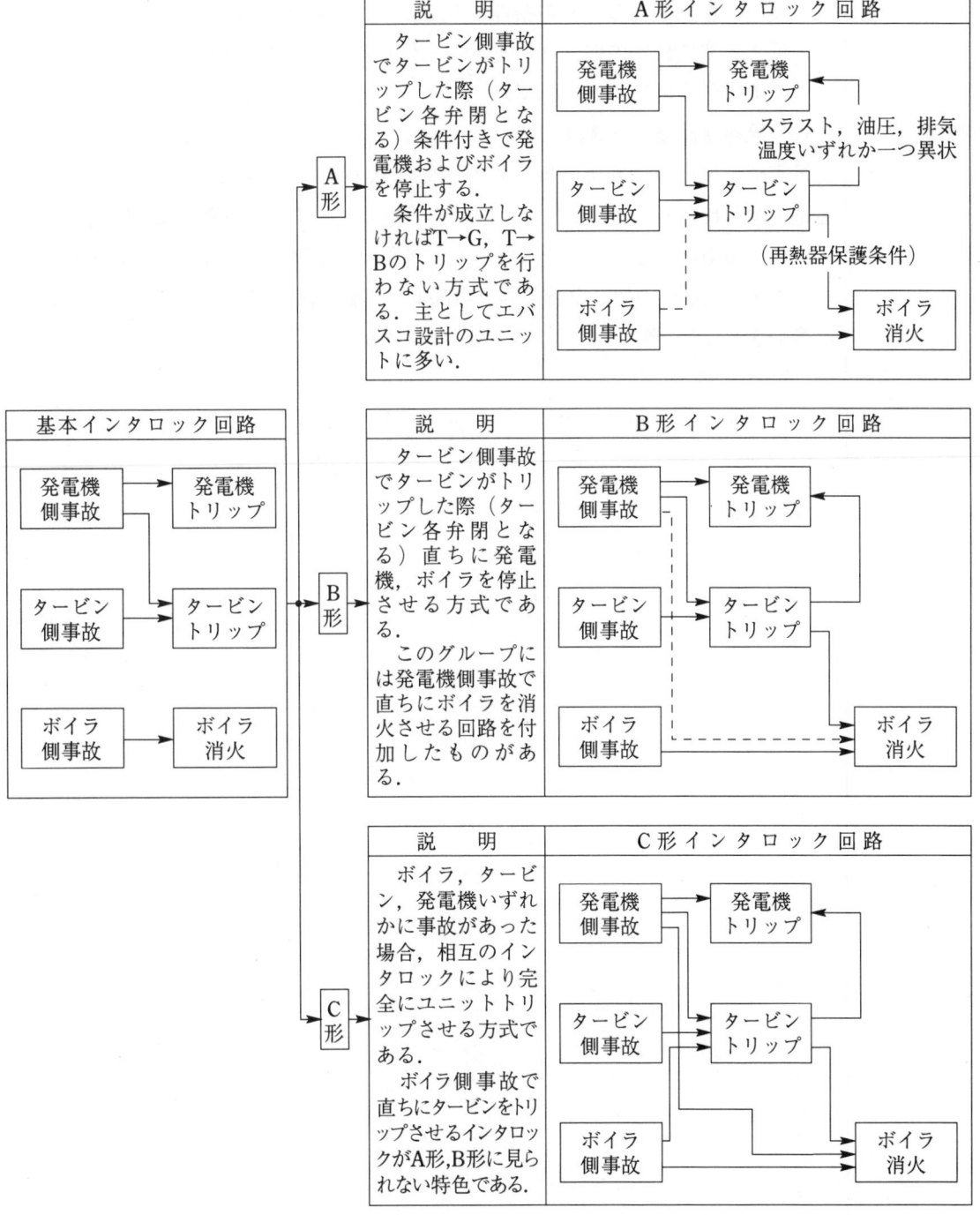

　相互になされているが，ドラム形ボイラではドラム残圧運転が可能であるためMFTによるタービントリップのインタロックは設けない．以下に内容を説明する．

ボイラ保護
インタロック
(1) ボイラ保護インタロック（MFT）
　ボイラの安定運転を継続することが困難な状態が生じたときは，燃料を遮断してボイラを停止する．その条件は，ドラムボイラと貫流ボイラによって多少異なるが，燃料圧力低，火炉圧力高，通風機2台停止，再熱器保護，給水流量低，ドラムレベル低等の他，ユニット非常停止，タービン・発電機トリップからの条件や，ボイラ形式により，さらに条件がインタロックされる．

1 火力発電所の保護方式

タービン保護インタロック

(2) タービン保護インタロック（MTS/EMS）

タービンの安定運転継続が困難な状態が生じたときに，ソレノイドを動作させてタービンを停止させる．その条件としては，タービン過速度，スラスト異常，軸受油圧低，真空度低等の他，ユニット非常停止，タービン手動停止，発電機トリップからの条件がインタロックされる．

発電機保護インタロック

(3) 発電機保護インタロック

発電機，変圧器の安定運転継続が困難な状態を保護装置，保護継電器で検出し，発電機を系統から解列するとともに，タービンをトリップし発電機を停止する．

保護検出条件としては，発電機の比率差動，界磁喪失，地絡や変圧器の比率差動，衝撃油圧，過励磁の他，系統の周波数高低，母線保護等がインタロックされる．

表1・2はこの一例についてまとめたものである．

2 ボイラの保護方式

ボイラの保安装置について，発電所全体としての観点から説明を加えることにする．

2・1 給水・ボイラ水系統

自然循環ボイラ　自然循環ボイラではふつう給水ポンプの事故などによる給水やボイラ水側の状況によってボイラの燃焼系統をトリップさせることはしないが，ボイラ胴水位の異常時（過高または過低）には警報を発する．

強制循環ボイラ　強制循環ボイラではボイラ水循環ポンプの事故などで，その前後の差圧が一定値を下まわった場合は，ただちに重油・軽油あるいは微粉炭などの各燃料系統をトリップさせる．

貫流ボイラ　貫流ボイラでは給水量が最低値以下の場合は燃焼を止めるが，ボイラ水系統の温度異常上昇で燃焼系統トリップおよびトリップに至る前の段階において燃料率を制限する．

2・2 燃料および空気・ガス系統

炉内圧力　炉内圧力が大気に対して負に保たれるものを負圧炉ボイラ，正の場合を加圧炉ボイラというが，両者ともに炉内圧が異常変動した場合は警報を発する．しかしこの変動が甚大である場合はボイラをトリップさせる方式をとる発電所もある．

一般に燃料系統はつぎのような場合にはトリップさせる．
(1) 押込通風機が全台とも停止した場合
(2) 吸込通風機が全台とも停止した場合（この場合は押込通風機をも自動的にトリップさせる）
(3) 燃料の安定供給が不能となった場合

炉内パージ　ボイラ点火に先立って炉内に残存しているガスを掃気し，点火のさいに爆発が起らないように，いわゆる炉内パージを行う必要があり，これに対してはふつうパージが終わらなければ点火ができないようなインタロックが施される．

2・3 蒸気系統

つぎのような保護装置が設けられる．
(1) タービン主止め弁，もしくはタービン再熱止め弁がトリップによって閉じた場合は，すべて燃料供給を停止させる．
(2) 過熱器および再熱器の蒸気温度制御にスプレイ制御を用いている場合は，燃料トリップの場合には再熱器のスプレイ制御弁を自動的に閉止する．
(3) ボイラ蒸気系統の圧力上昇による害を防ぐために安全弁を設ける．

安全弁
ばね式安全弁
電気式安全弁

(3)に記載した安全弁はボイラ胴，過熱器，再熱器入口および出口管寄せなどに設けられるが，主としてこれらはばね式安全弁が用いられる．しかし最近はこれらの安全弁の動作設定点よりも低く設定した電気式安全弁を設けて，ばね式安全弁の保修の手間を減らすように考慮される．図2・1はこれを示す．また図2・2は強制循環ボイラの保護方式の一例を示す．

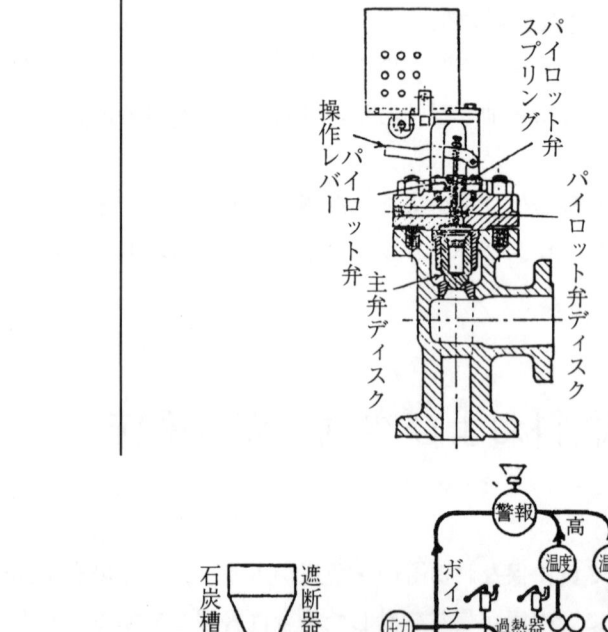

図2・1 電気式安全弁

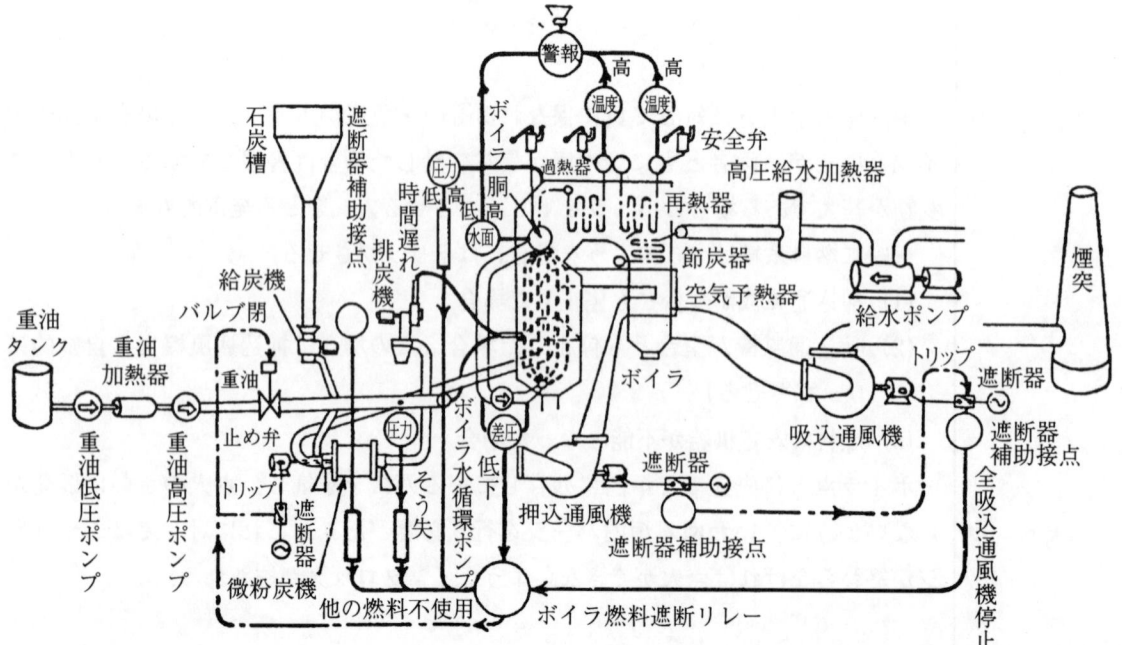

図2・2 ボイラ保護系統図

3 タービンの保護方式

　タービンは調速機によって過速を防止するようになっているが，急激に負荷遮断されたような場合は調速機の動作のみでは危険速度以下に抑えることができない場合もある．タービンはもともと高速度であるから，過速は致命的である．このため

図3・1　タービン保護・保安系統図（抽気タービンの一例）

3 タービンの保護方式

抽気タービン

回転速度が上昇すると非常調速機を作動させ,保安装置系統の一連の蒸気弁類が瞬時に閉鎖してタービンを停止させる仕組みになっている.作動回転速度は定格速度の110％で,精度は±1％である.

タービンはこれとは別に二重の安全・保護装置が設けられている.抽気タービンにおける保安・保護装置関係の系統図を図3・1に示す.

4　発電機・変圧器の保護方式

4・1　発電機の保護方式

　発電機の保護装置について，これに使われている保護継電器等の結線図を示すと図4・1のようになる．

4・2　主変圧器の保護方式

　つぎのような継電器が用いられる．
　・過電流継電器（over current relay）
　・過電流接地継電器（over current ground relay）
　・差動電流継電器（differential current relay）
　・比率差動継電器（ratio differential relay）
　・ブッフホルツ継電器（Buchholtz relay）
　またこのほか継電器以外の保護装置としてはコンサベータ，窒素封入装置などの油劣化保護装置，内部事故時の保護装置であるバースチング・チューブなどがある．図4・1は発電機・変圧器および所内回路の保護方式の一例を示す．

4・3　衝撃電圧に対する保護装置

異常電圧　　発電所に襲来する異常電圧の波高値は常規電圧の数倍にも達するため，これに耐えるように各機器の絶縁耐力を強めることは経済的に不可能である．このため避雷器で異常電圧の波高値を低減することによって機器を保護する方法がとられる．また送電線や変電所への直撃雷の防護のために架空地線が設けられ，発電所には機器，避雷器などの接地のために，接地網や接地板を埋設して保安を十分なものとする．

4 発電機・変圧器の保護方式

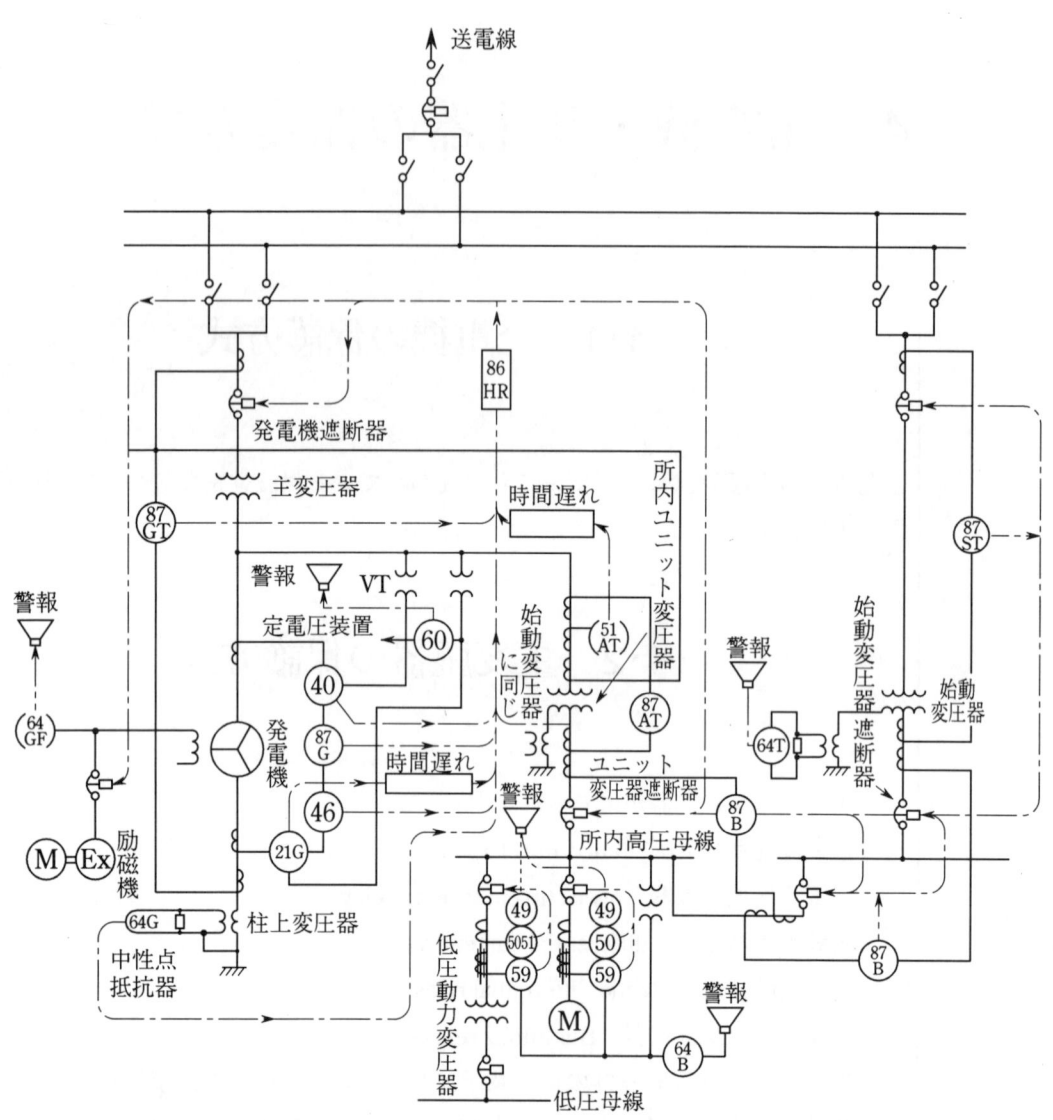

継電器番号
87G ；発電機差動継電器
87AT ；所内（ユニット）変圧器差動継電器
87B ；所内高圧母線差動（過電流）継電器
64T ；所内ユニット，始動変圧器接地継電器
40   ；界磁そう失継電器
21G ；発電機後備保護距離継電器
50   ；過電流継電器，瞬時動作
49   ；過負荷継電器
86   ；主回路トリップ継電器

継電器番号
87GT ；差動継電器
87ST ；始動変圧器差動継電器
64G ；発電機接地継電器
64B ；所内高圧母線接地継電器
46   ；逆相継電器
64GF ；界磁接地継電器
51   ；過電流継電器，反時限動作
60   ；電圧平衡継電器
59   ；過電圧継電器

図4・1 発電機・変圧器および所内回路保護方式（例）

5 所内補機回路の保護方式

所内補機回路　火力発電所の所内補機回路は図5・1のような回路で表されるのがふつうである．この回路の保護方式について説明する．

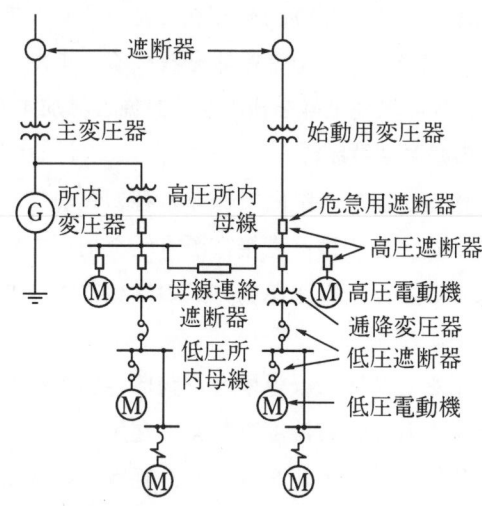

図5・1　所内補機回路

所内変圧器　**(1) 所内変圧器**

変圧器の内部故障のため比率差動継電器を，過負荷保護のために過電流継電器を使用する．所内変圧器がトリップした場合は他の母線から電源の供給をうけるように母線連絡遮断器を自動投入するとともに発電機をトリップさせる．

高圧所内母線　**(2) 高圧所内母線**

母線の保護は所内変圧器に設けられた過電流継電器によって検出できる．また母線の自動切換は自己母線事故の場合は他電源よりの切換投入を防ぐインタロックが設けられる．

高圧所内接地方式　接地保護は高圧所内接地方式によって異なる．すなわち接地方式には低抵抗接地，高抵抗接地，高抵抗中性点変圧器接地方式，高抵抗三相接地変圧器接地方式および非接地方式などがある．図5・2はこれらを示す．

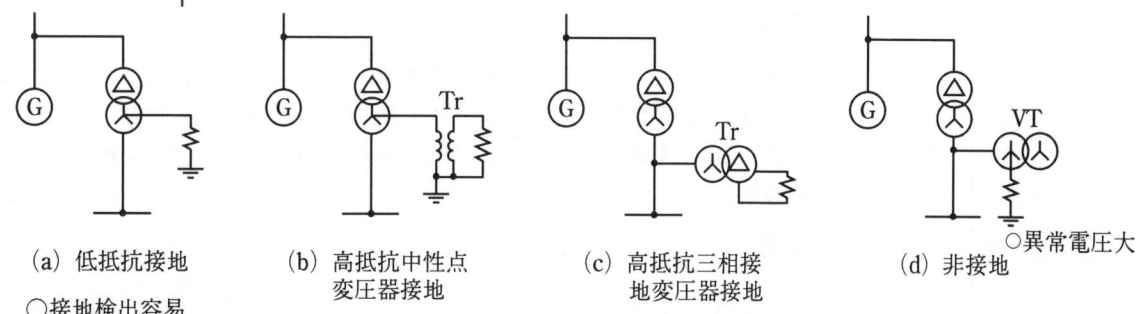

図5・2　所内高圧回路接地方式

5 所内補機回路の保護方式

低抵抗接地方式の場合は所内変圧器の過電流継電器で母線の電源遮断器をトリップさせ，高抵抗接地および非接地方式の場合は母線に設置された三次巻線付VTの三次回路にそう入された電圧継電器で検出させ，母線トリップあるいはアラームする．また母線が低電圧になった場合の補機電動機の過負荷を防ぐため，低電圧継電器を設けることもある．

(3) 高圧電動機の保護 〔高圧電動機保護〕

高圧電動機にはそれぞれ単独に遮断器が設けられるが，これらの遮断器も継電器の動作によってトリップさせる．すなわち過電流継電器を設けて短絡保護のためには瞬時，過負荷では限時動作をさせる．また始動時に誤動作することなく，過負荷においては完全に保護するような協調をとる必要がある．またその回路の接地方式にしたがって，これに適当した接地継電器を設ける．また大形かつ重要な電動機には軸受の過熱や，コイルの温度上昇を検出する設備も付加する．

(4) かご形電動機の始動回数制限 〔始動回数制限 かご形誘導電動機〕

火力発電所では，構造が簡単・堅固で保守の容易なかご形誘導電動機が採用されているが，この始動方式としては，直接電源電圧を加えて始動する全電圧始動方式が一般的に用いられている．全電圧始動方式の始動電流は非常に大きく，全負荷電流の数倍の値となる．

電動機の始動・停止を短時間に繰返すと電動機各部の温度が使用されている材料の耐熱性によって制限される許容温度を超えて運用することとなり，機械的強度の低下あるいは電気的絶縁特性の劣化をきたし，絶縁物の寿命に依存する電動機の寿命を短くし，はなはだしい場合は電動機が焼損するようなことになる．

そのため，電動機の運用にあたり，表5・1のような始動回数制限を設けている．

表5・1 かご形誘導電動機の許容始動回数

用　途　名	許容始動回数		再始動に必要な冷却時間〔h〕
	冷機時	暖機時	
押込ファン	1〜2	1	1〜2
ガス再循環ファン	1〜2	1	1〜2
給水ポンプ	2〜3	1〜2	1〜1.5
循環水ポンプ	2〜5	1〜3	0.5〜1.5
復水ポンプ	2〜5	1〜3	0.5〜1.0
励磁機	1〜2	1	1〜2

(注) 1. 上記は，火力プラントの主要補機用電動機の一例を示す．
　　 2. 冷機時とは，電動機の温度が周囲温度と同じ状態にある場合をいう．
　　 3. 暖機時とは，電動機の温度が定格出力運転継続時の安定温度状態にある場合をいう．

(5) 低圧電動機 〔低圧電動機〕

ノーヒューズ遮断器，電磁接触器，ヒューズなどを用いて保護する．

(6) 補機の始動・停止順序のインタロック

ボイラの始動・停止の際における誤操作防止，あるいは制御上の必要のため各補機はつねに一定の順序条件をもって運転する必要がある．この例を図5・3に示す．

5 所内補機回路の保護方式

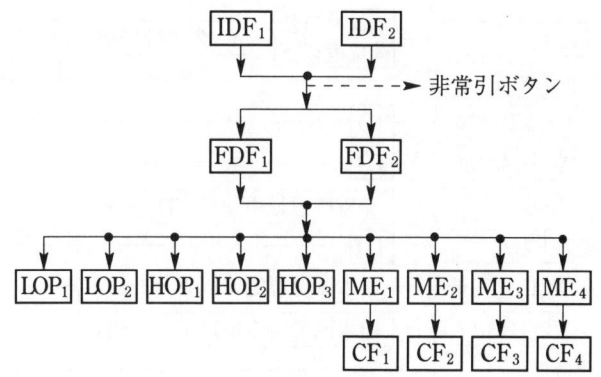

(a) 始動順序

IDF；吸込通風機
FDF；押込通風機
LOP；軽油ポンプ
HOP；重油ポンプ
　ME；微粉炭機および排炭機
　CF；給炭機

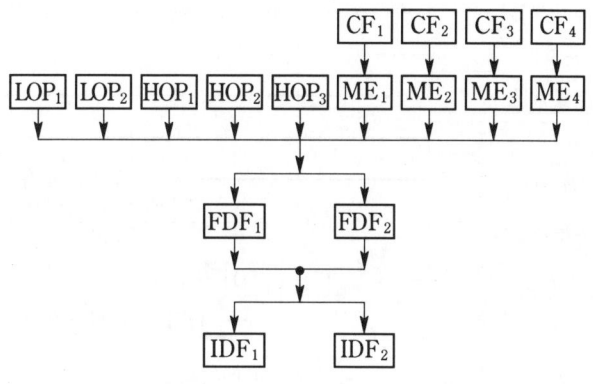

(b) 停止順序

図 5・3　補機の始動停止順序

　その理由は逆火・炉内爆発の防止，燃料系統中における燃料の異常蓄積を防止する点にある．なお図5・4は発電所の総合インタロック線図の例を示す．

5 所内補機回路の保護方式

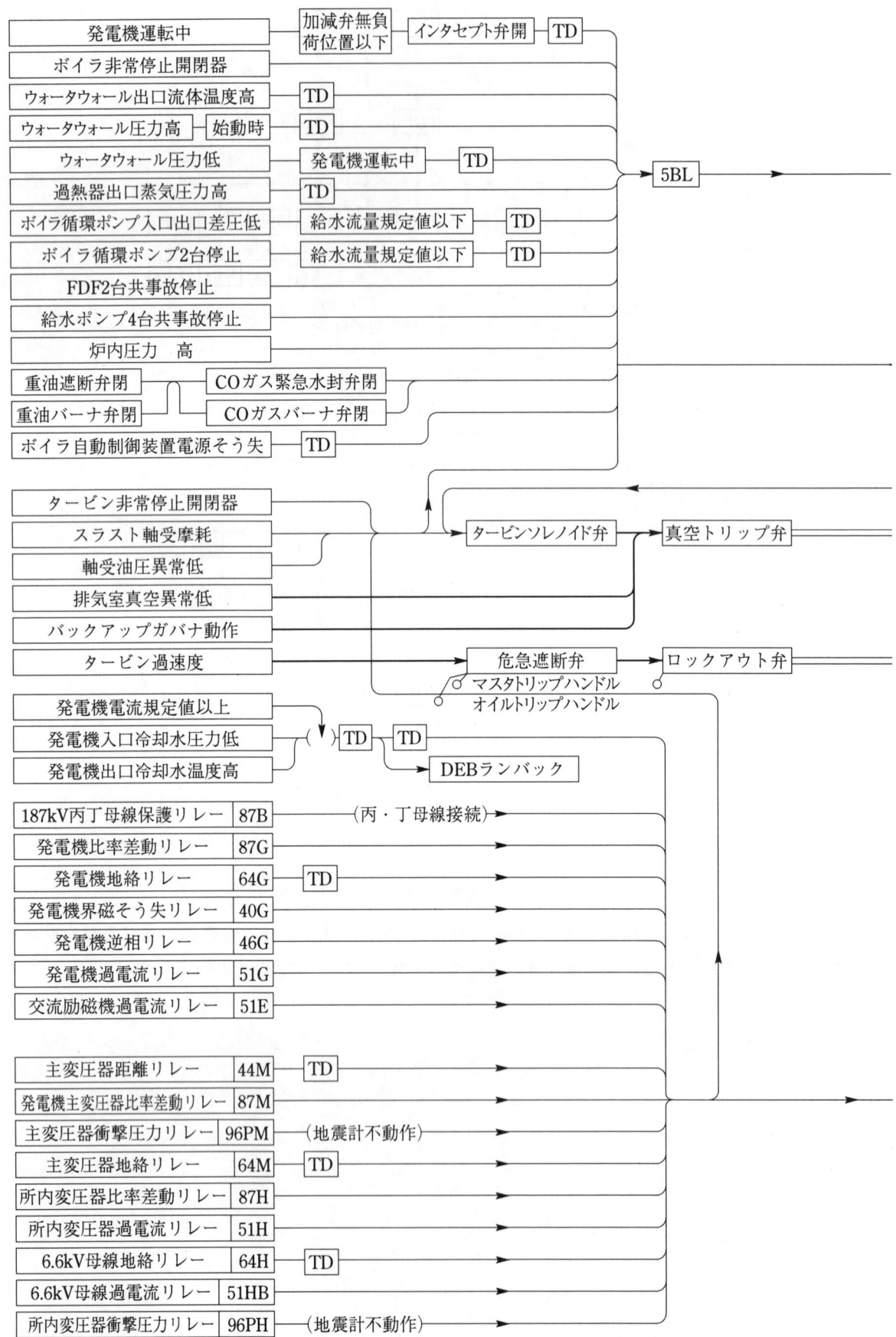

図5・4 発電所総合

5 所内補機回路の保護方式

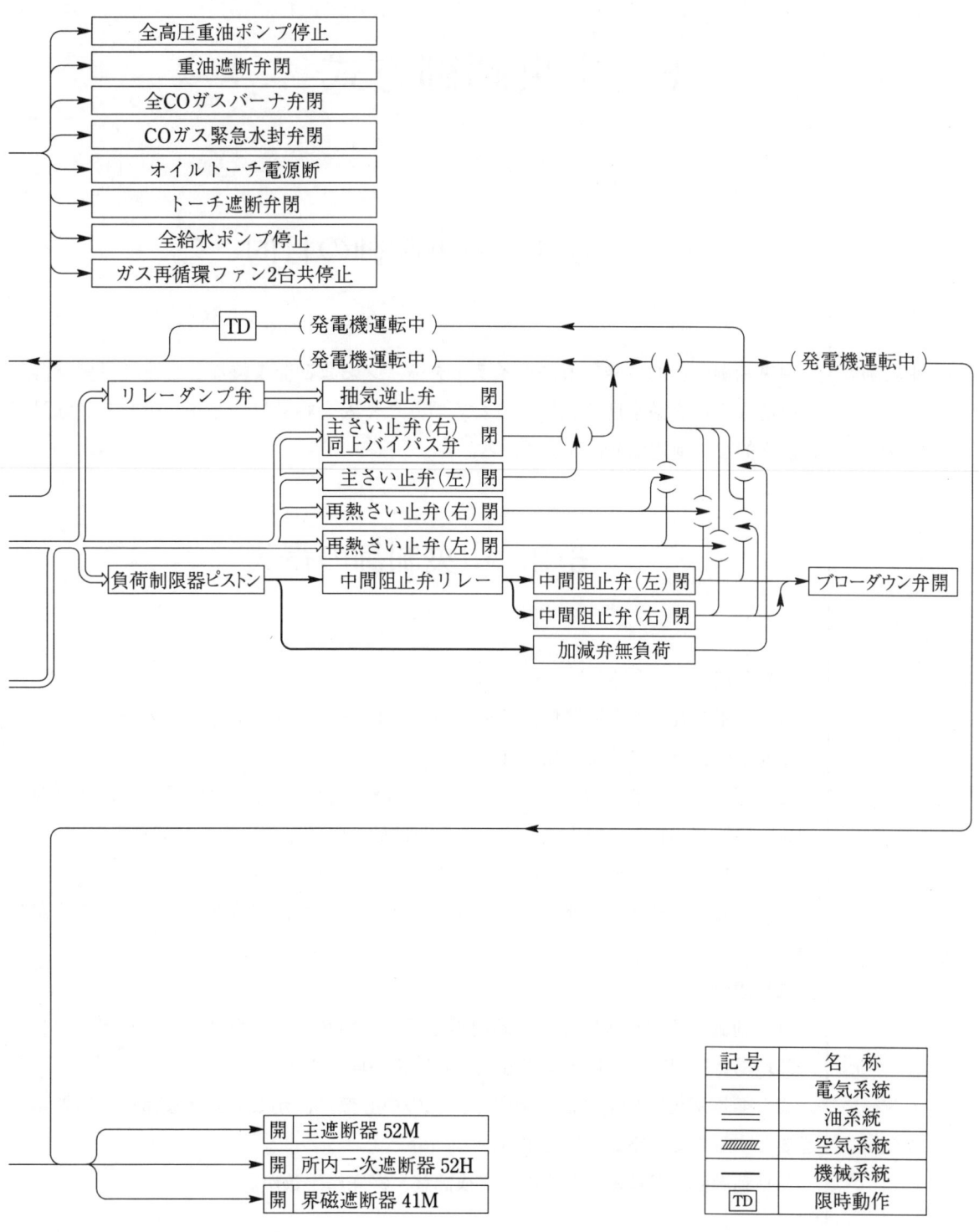

インタロックブロック線図

6　中央制御方式

6・1　中央制御の目的

中央制御 　中央制御の目的は発電所のボイラ・タービンおよび発電機など一連の設備機器の総合的な機能を最高度に発揮するため誤りなく安全容易に，しかも少数の運転員で高能率的な制御運転を行う点にある．

6・2　中央制御の得失

(1) 長所
(1) 発電所設備の主要運転状態を1箇所ではあくし，同時に総合的な調整ができるので効率のよい経済的な運転が可能となる．
(2) 運転状態の常時はあくによって安定運転が得られ，ひいては異常時に迅速な判断，処置がとれるので事故を防止あるいは最小限にとどめることができる．
(3) 少数の人員で運転できるので人件費の節減が可能になる．
(4) 発電所全般の総合的な記録の集約が容易となり，運用面で利するところが多い．
(2) 短所
(1) 制御装置が複雑になり制御用導圧管，導線類が長くなり，また装置，器具が一部現場と制御室に重複する点も生じ設備費が増大する．
(2) 発電所建物の主要機器配置床面上の中心部に，かなり大きな面積の制御室を必要とするので建築費が増加する．
(3) 制御装置が精密となるので点検調整，保守に手数がかかる．

6・3　中央制御の条件

中央制御の目的を達成するためにはつぎのような条件を満足する必要がある．
(1) 被制御体である主要機器および付属設備は信頼度が高く，設備が簡単であること．

(2) 制御方式が簡単であること．
(3) 制御装置は高度の信頼性をもち，その機構が簡単で部品取換などの回数が少ないこと．
(4) 計器の信頼度が高く，その配置が適正であること．
(5) 運転は始動，停止が少なく，また運転員は電気，機械および計器などの取扱いに熟練していること．

6・4 中央制御方式採用について考慮すべき点

前述の得失や条件などを考慮して制御方式を決定すればよいが，

中央制御室

(1) 始動，停止を含めた全面的な制御を中央制御室で操作する．
(2) 始動・停止は現場で行い，中央制御室では運転の監視および調整操作をする．

上記の2方式のいずれにするかで相当模様も変わる．したがって検討の上決定すべきであるが，一般の傾向としては(2)が多い．また中央制御室の位置としては**図6・1**のようにボイラ室とタービン室の中央部に設けるのが便利である．**図6・2**は室内の

制御盤配置例

制御盤配置例を示す．

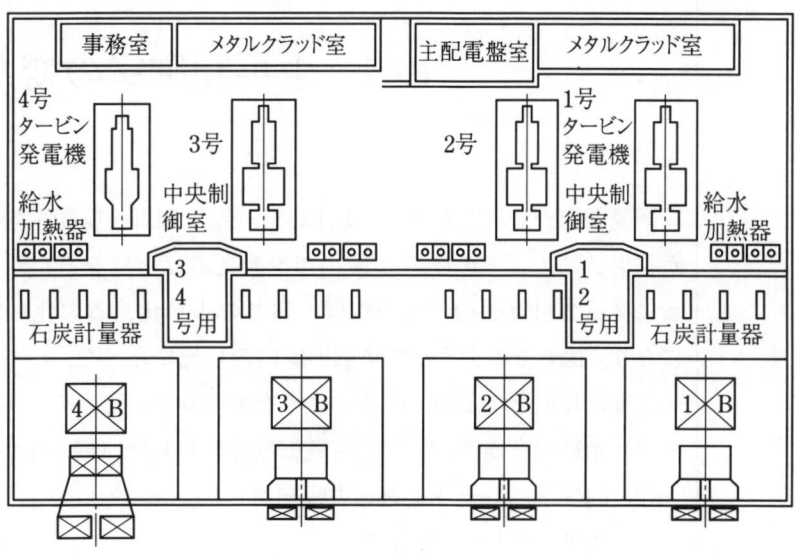

図6・1 中央制御室の位置

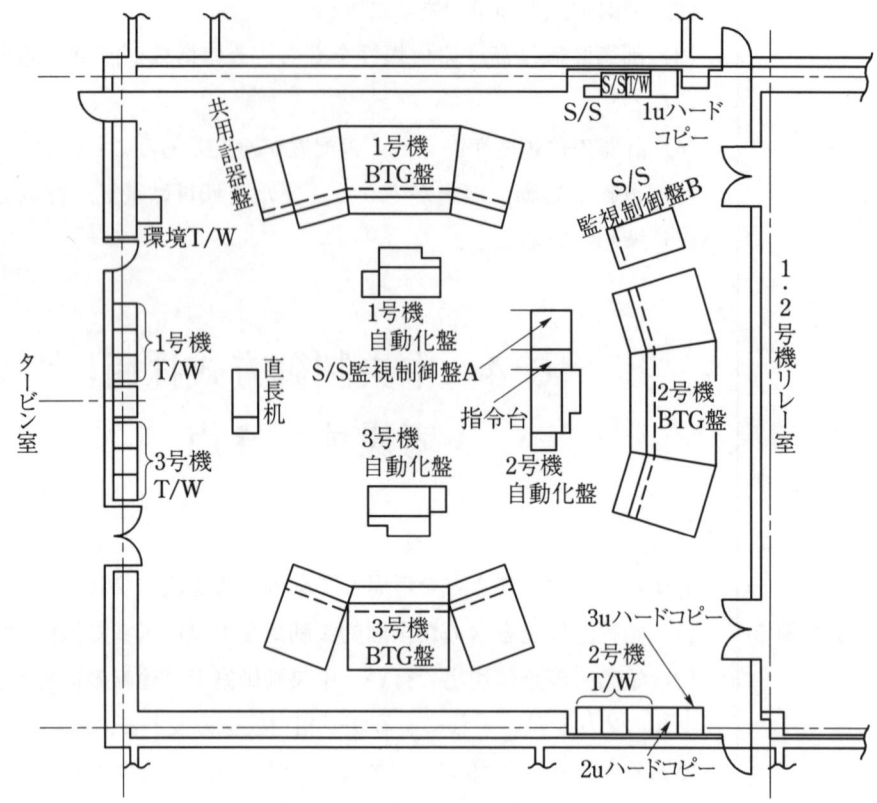

図6・2 中央制御室内配置

6・5 中央制御室の変遷

　新鋭火力が登場したとき，B.T.Gを一室で制御・監視・操作する目的で中央制御室が採用されて，その歴史は数10年を数えるほどになった．その後しだいに技術の進歩に従って計算機の導入や機器・器具の小形化，省力化・自動化が進み，盤も小形になり，図6・3のような中央制御室内の状況になった．

　最近の傾向をまとめると次のようなものがあげられる．
(1) 始動停止操作および通常運転操作の自動化（表6・1参照）
(2) CRTオペレーションを大幅採用
(3) 大型スクリーンを設置
(4) 快適性，機能性，安全性のバランスのとれた制御室

　なお今後はさらに計算機の高度利用がはかられるほか，運転員の居住性を一層重視した設計がなされるようになるであろうが，図6・4はこのモデルの例である．

6・5 中央制御室の変遷

表6・1 自動化の範囲

項　目	自　動　化　の　範　囲
始　動　時	ボイラ：水　張　り～目標負荷達成 タービン：海水系始動～目標負荷達成
停　止　時	ボイラ：運転負荷～消火後最終補機停止 タービン：運転負荷～解列後最終補機停止
通常運転時	中央給電指令所より指令を受け，最低負荷から定格出力までの自動運転を行う．

(a) 中央制御室の例 (1)

(b) 中央制御室の例 (2)

図6・3

6 中央制御方式

図6・4 将来の中央制御室のモデル例

7 火力発電所の制御・自動化

7・1 制御・自動化の進歩

　火力発電所の制御・自動化は急速に進歩し，さらに高度化しようとしているが，この進歩は計算機の利用によるものといっても過言ではない．

　わが国の計算機制御による自動化は，1970年頃にタービン主機を中心とした部分自動化の実用化から始まったが，その後経験を重ねるとともに高級計算機の出現とによって，計算機直接制御（DDC；Direct Digital Control）の拡大がはかられ，数年後には始動・停止操作の全領域が自動化され，以後自動化機能の充実が進められてきた．

　一方，制御技術の方は自動化とともに進歩発展をとげてきた．計算機制御当初は制御もアナログ制御の時代であった．1980年頃になるとマイクロコンピュータの発展によりアナログ式制御装置のディジタル化が行われ，制御装置の大転換を迎えることになった．

　ディジタル式制御装置の出現は，計算機と制御装置間，また制御装置間の情報授受に多重伝送技術を発展させ情報のネットワーク伝送という広域システムを可能にした．そしてこの制御装置は小形・高性能化によって，制御装置の分散化と制御機能の集約化を可能にしたため，制御の分散化，情報のネットワーク構成が自由に構成できるようになり，プラントの要求仕様に合った最適システムが実機プラントにおいて計画設計されるようになった．

※傍注：計算機直接制御／ディジタル式制御装置

7・2 プラント制御

　火力発電プラントはボイラ設備，タービン・発電機設備からなっていて，これらが独立に制御系を構成している．プラント全体としては統合して制御されることになるが，次のような各制御がある．

(1) 始動・停止制御

　火力プラントにおける始動・停止は順序（sequence）制御と調整（modulating）制御の組合せにより，全自動化の域に達しており，プラントの始動・停止過程を主要イベントごとに分割し，これを運転員が順次，進行許可を与えていく形で進められる．

※傍注：始動・停止制御

7 火力発電所の制御・自動化

自動始動　プラントを始動・停止する際には、中央給電指令所（中給）からの要求を満足するためのスケジュールを決定する必要がある．特にプラント始動操作時には、主機の停止状態により、ボイラ昇温率、燃料投入量、タービン昇速率、負荷変化率等のパラメータが複雑多様に変化するため、プラント状態を全体統括して把握しているユニット計算機によりスケジュール計算を実施し、いつ、どのような操作を行えばよいかを決定している．図7・1は自動始動の構成の概念を示す．

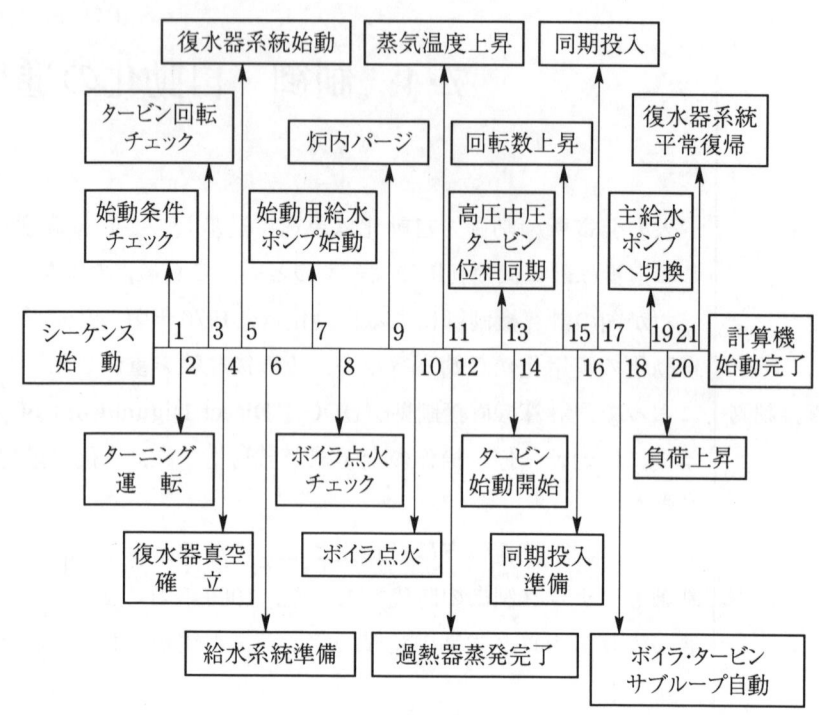

図7・1　自動始動の構成

通常運転制御　**(2) 通常運転制御・負荷制御**
負荷制御　通常運転においては、中給からの負荷指令に応じて、タービン蒸気加減弁の開度およびボイラ入力（給水流量，燃料流量，空気流量）を制御して所定のタービン発電機出力を発生させるとともに、出力の変動に伴う補機（ボイラ給水ポンプ，石炭だき火力における微粉炭機等）台数の増減制御が行われる．

(3) 自動負荷ランバック

自動負荷　発電所の耐力向上策の一つとして、複数台並列運転している補機がトリップした場合でも、残存する補機の運転台数能力に応じて許容できる最高負荷まで急速に絞込み動作を行い、プラントの運転継続を可能とするのが自動負荷ランバックであるが、押込通風機，誘引通風機，ボイラ給水ポンプの1台故障時などが、その対象となっている．最近では、復水ポンプ，復水ブースタポンプに予備機を設置しないケースもあるため、1台故障時には、自動負荷ランバックが同様に必要となってきている．

FCB　**(4) FCB（Fast Cut Buck）**

FCBは、送電系統に何らかの事故が発生し系統遮断された場合に、タービン発電機を所内負荷運転に切替えると同時にボイラへの給水，燃料を急速に減少させ、運転継続を行う動作であり、系統の復旧後、速やかに再併列・負荷上昇し系統運用に寄与するものである．FCBを実施するにあたっての課題としては、主蒸気の過昇圧

防止，低流量域での給水制御の安定化，風損によるタービン排気温度上昇防止など数多くあるが，制御回路において様々な工夫が施され，給水，燃料および空気をバランス良く絞込むよう考慮されている．

7·3　自動化システムの構成と機能

(1) 自動化システムの構成

　火力プラントにおいては当初，計算機による直接制御が主流であったが，制御装置のディジタル化，ディジタル伝送の高度化・高速化，知識工学の実用化といった計算機応用技術の進歩により総合ディジタル化がはかられ，制御の中心は計算機から下位制御装置主体に移行してきた．火力プラントの総合ディジタル監視制御システムの構成例を図7·2に示す．

　図7·2は，現在多く採用されているシステム例で機能別に制御装置の構成をはかったものであり，大きく，マンマシンコミュニケーション部，統括制御部，専用演算部・プラント保護部の3部分に分類される．

　(1) マンマシンコミュニケーション部
　プラント・機器の運転に必要なCRT，指示計等の監視・操作器具が主に自動化用の主制御盤および個別機器操作用の補助制御盤に装備されている．

　(2) 統括制御部
　プラント全体の総合的な状況判断，スケジュール計算，綿密で繁雑な運転制御を実行させるため，大容量のユニット計算機を設けている．

　(3) 専用演算制御部・プラント保護部
　自動ボイラ制御装置，自動ミル・バーナ制御装置，主タービン制御装置，ボイラ/タービンローカル制御装置等をマイクロコンピュータでディジタル化した制御装置を用いている．一方，プラントや補機の保護装置については，そのシンプル性・信頼性の面からハードワイヤードベースの制御装置（リレー盤）が用いられている．

　また，マンマシンインターフェイスの高機能化・高速化およびケーブル削減を目的として，各ディジタル制御装置間のデータネットワーク化およびリモートI/Oステーションの現場設置化がはかられている．

(2) 自動化の機能

　自動化に対しては，プラントの始動・停止，通常負荷運転，さらには負荷ランバックを含む緊急事故時を含めた運転の全自動化をはかるとともに，負荷追従性の向上およびより短時間の始動がDSS（Daily Start and Stop，深夜始動停止）化プラントに要求される．

　総合ディジタル監視制御システムを採用しているプラントでの始動・停止操作においては，操作の殆どを系統機器制御装置側で実行し，計算機はプラント全体制御に係わるもの，つまり始動停止スケジューリングが必要とされる操作タイミング制御を実行するとともに，CRT表示，運転支援，大型スクリーン等，マンマシンインターフェイスの機能を実行することになる．

7 火力発電所の制御・自動化

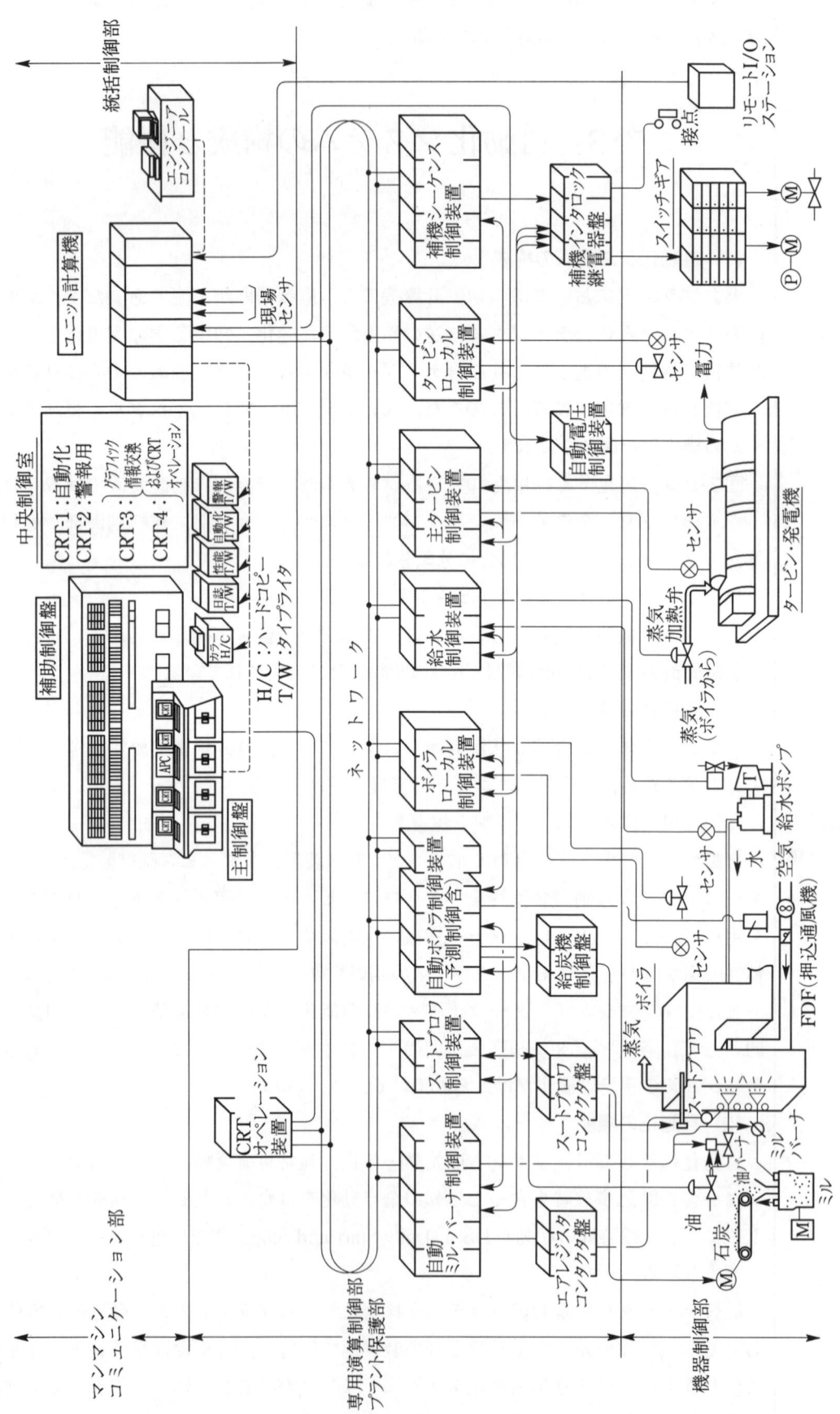

図7・2 総合ディジタル監視制御システムの例

— 26 —

7・4　中央監視制御盤の構成と機能

　現在では火力発電所における運転監視は中央集約化がすすみ，全自動化システムのマンマシンインターフェイス部分は中央制御室の監視制御盤に，その殆どが設置されている．プラント運転操作が自動化されている現在，運転員の業務の主体は「監視」へと移行してきており，また，運転員の少人数化と相まって，CRTを主体とした小型化盤構成が主流となってきている．一般的には，中央監視制御盤は，常時オペレータが在席する「主制御盤」およびこれを補完するための「補助制御盤」（「BTG盤」「BTG副盤」等とも呼称される）に区分して設置されており，前者が，コントロールデスク型，後者が，ベンチボード型または直立型を採用している例が多い．

(1) 操作・監視機能の概要

　最近のマンマシンインタフェイス技術の進歩により，従来の操作・監視器具類は，大幅にCRT化されている．すなわち操作に対してはCRT表示画面と集中操作キー（スイッチ）を併用した，いわゆるCRTオペレーションが主体となってきており，最近は，電動弁・電磁弁はもとより，小型回転機操作，大型回転機操作，バーナ操作，調整制御ステーション操作などに，その範囲を拡大している．

　また従来，中央盤に設置していた監視器具についても，CRT化の傾向が著しい．指示計については，ユニット計算機のCRT系統グラフィック画面に，また，記録計については，傾向監視という点ではユニット計算機のCRTトレンド表示画面に，記録保管という点では，発電所管理用計算機の光ディスク等にそれぞれ代替されてきている．

　また警報窓も，大幅な集約化がはかられている．すなわち複数の警報窓を一つの窓に集約化されていて，その個別要因をCRTに表示する．

　さらに集中監視という点で，特に注目されているのは大型スクリーンである．これによると複数の運転員が監視情報を共有化できること，また，複数種別の情報（CRT表示画面，パソコン画面，現場画像情報等）を任意に切替えて監視できることから，新設の火力発電所のみならず，既設火力発電所における複数ユニット集中制御化，近代化改造においても採用されている．

(2) 監視用CRT（画像表示装置；Cathode Ray Tube display）

　監視用CRTは数台から10台ぐらい設置されていて，主として下記の機能を有している．なお，それぞれのCRTはCRTに併設されたコンソール上の機能選択キーにより，任意の機能を割当てることが可能となっている．

(1) 自動化用CRT　　自動化進行状況を表示するとともに，自動化進行時の各種メッセージを表示する．

(2) 警報用CRT　　警報発生時に，警報要因メッセージを表示する．

(3) グラフィック用CRT　　発電プラントの機器系統の運転状況をグラフィック表示する．

(4) リクエスト用CRT　　運転員のリクエストに応じ，トレンドグラフ等の各種データを提供する．

7·5 計算機制御導入による利点

計算機制御採用によって期待できる利益には,およそつぎのようなものがある.
(1) 制御室のスペースが節約される.
(2) 資料がたえず自動的に得られるので処置が早い.
(3) 人間による測定記録の誤りが防止できる.
(4) 熱効率をたえずチェックし,各ユニットおよび全プラントのもっとも経済的な運転ができる.
(5) 高速走査によって異常点を早く発見することができるため事故防止ができる.
(6) 現在の記録計ではチャートの整理がはん雑であるが,これが容易になる.
(7) 機器操作が自動化され,誤操作が防止でき,また異常時も安全に停止させることができる.
(8) 発電所の信頼性と安全性が増加する.
(9) 人員の節約ができる.とくに全自動化すれば,いままで運転員が正常運転の監視ならびに機器の操作に要していた時間が短縮されるため,この時間を発電所全体の効率を最高に保持するように努力を集中することができる.すなわちプラント事故日数の減少,燃料費の節減,運転要員の縮少などを実現,具体化させることができる.

以上要するに複雑高級化する火力発電所の運転制御を少人数で,しかも適正かつ合理的に行うためには人的判断の代わりに電子頭脳化されることが必然的に望まれるところであり,電子計算機はこの役目を果たす装置であるということができる.

7·6 運転支援システム

既述のように,近年の火力発電プラントは計算機制御技術やディジタル制御装置技術の著しい発展により高度に自動化されてきたが,さらに発電プラントを安定して運転・管理・維持していくための運転支援システムが開発され,その適用が拡大してきている.

運転支援システムは,知識データの保守性の確保,処理するデータ量の多さに対応した処理・応答性の確保を考慮し,プラント監視・制御機能に影響を与えないよう,ユニット計算機とは独立の構成とすることが多い.

運転支援システムの実施例としては,
(1) 警報時支援エキスパートシステム
(2) 事故・異常時対応操作支援システム
(3) ABC(自動ボイラ制御装置)異常時対応操作システム
などがあるが,このほかにも対象システムが増えることになると考えられる.

演習問題

〔問題1〕中央制御方式を説明し，その制御内容を述べよ．

〔問題2〕最近大容量の汽力発電所では，電子計算機を設置する場合が多くなっているが，その必要性について述べよ．

〔問題3〕大容量の汽力発電所では，最近，自動化の手段として電子計算機が多く利用されているが，これについて説明せよ．

〔問題4〕最近，水力，火力および原子力発電所において，ディジタル制御装置の適用が進められているが，その構成と特徴について説明せよ．

索 引

英字

A形インタロック	7
B形インタロック	7
C形インタロック	7
CRTオペレーション	27
CRTトレンド表示画面	27
CRT系統グラフィック画面	27
FCB	24

ア行

安全弁	8
異常電圧	11
運転支援システム	28

カ行

かご形誘導電動機	14
監視用CRT	27
貫流ボイラ	3, 7
基本インタロック	5
強制循環ボイラ	7
緊急停止	1
グラフィック用CRT	27
計算機直接制御	23
警報窓	27
警報用CRT	27
高圧所内接地方式	13
高圧所内母線	13
高圧電動機保護	14

サ行

始動・停止制御	23
始動回数制限	14
自然循環ボイラ	7
自動化用CRT	27
自動始動	24
自動負荷ランバック	24
所内変圧器	13
所内補機回路	13
制御盤配置例	19
専用演算制御	25
総合ディジタル監視制御システム	25

タ行

タービン側事故	4
タービン保護インタロック	6
中央制御	18
中央制御室	19
抽気タービン	10
通常運転制御 負荷制御	24
ディジタル式制御装置	23
低圧電動機	14
電気式安全弁	8
統括制御	25
トリップインタロック	3

ハ行

発電機側事故	4
発電機保護インタロック	6
ばね式安全弁	8
プラント保護	25
ボイラ消火事故	3
ボイラ保護インタロック	5
保護方式	1

マ行

マンマシンコミュニケーション	25
モータリング	3, 4

ヤ行

ユニットトリップインタロック	4

ラ行

リクエスト用CRT	27
炉内パージ	7
炉内圧力	7

d-book
火力発電所の制御と保護

2000年11月9日　第1版第1刷発行

著　者　千葉　幸
発行者　田中久米四郎
発行所　株式会社　電気書院
　　　　（〒151-0063）
　　　　東京都渋谷区富ケ谷二丁目2-17
　　　　電話　03-3481-5101（代表）
　　　　FAX　03-3481-5414
制　作　久美株式会社
　　　　（〒604-8214）
　　　　京都市中京区新町通り錦小路上ル
　　　　電話　075-251-7121（代表）
　　　　FAX　075-251-7133

印刷所　創栄印刷株式会社
Ⓒ2000MiyukiChiba　　　　　　　　Printed in Japan
ISBN4-485-42954-7　　［乱丁・落丁本はお取り替えいたします］

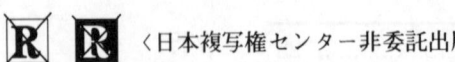
〈日本複写権センター非委託出版物〉

本書の無断複写は，著作権法上での例外を除き，禁じられています．
本書は，日本複写権センターへ複写権の委託をしておりません．
本書を複写される場合は，すでに日本複写権センターと包括契約をされている方も，電気書院京都支社（075-221-7881）複写係へご連絡いただき，当社の許諾を得て下さい．